启航篇

米吴科学漫话

乘着气球游地球

这不科学啊　著

中信出版集团 | 北京

图书在版编目（CIP）数据

乘着气球游地球 / 这不科学啊著 . -- 北京：中信
出版社 , 2022.8
（米吴科学漫话 . 启航篇）
ISBN 978-7-5217-4407-1

Ⅰ . ①乘… Ⅱ . ①这… Ⅲ . ①地球－青少年读物
Ⅳ . ① P183-49

中国版本图书馆 CIP 数据核字 (2022) 第 078158 号

乘着气球游地球
（米吴科学漫话·启航篇）
著者：　　这不科学啊
出版发行：中信出版集团股份有限公司
　　　　　（北京市朝阳区惠新东街甲 4 号富盛大厦 2 座　邮编　100029 ）
承印者：　北京尚唐印刷包装有限公司

开本：787mm×1092mm　1/16　　　　印张：45　　　字数：565 千字
版次：2022 年 8 月第 1 版　　　　　　印次：2022 年 8 月第 1 次印刷
书号：ISBN 978-7-5217-4407-1
定价：228.00 元（全 6 册）

目录

人物介绍

安可霏

喜欢浪漫幻想的女生。

经常与米吴争吵，但心善良，内心戏丰富，是科学小白，有乌鸦嘴属性。

喜欢画画，经常拿着一画板。画得还不错，但格抽象，别人难以欣赏。

米吴

头脑聪明，爱探索和思考的少年。

性情较为温和，生性懒散，喜欢睡觉。

获得科学之印后被激发了探索真理和研究科学的热情。

胖尼狗

伴随科学之印出现的神秘机器人，平时藏在米吴的耳机中。

胖尼有查询资料、全息投影等能力，但要靠米吴的科学之印才能启动。

随着科学之印的填充，胖尼会不断获得新零件，最后拼成完整的身体。

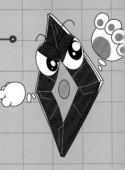

乌兹

乌德三兄弟之一，乌德公司的环保顾问，也是蜜桃的同学。

蜜桃

科学家，联合国环保工作者，目前和多国科学家一考察南极。

蜜桃是樱桃的妹妹，为人善良正直，学生时代一直是班里的第一名。她和乌兹是同学，但道不同，不相为谋。

01 | 第一章
大画地球

哈欠

快说我好厉害。

哦，我好厉害。

一看就不是什么正经杂志……

我果然是太阳系第一画手！

不，银河系第一！

好好好，大画家，我接着睡了。

唉？

徐霞客游记

这好像是一位古代的旅游博主写的啊！

ZZZ

《徐霞客游记》

明代地理学家徐霞客创作的一部散文游记，它汇集了作者30多年的旅行日记，对地理、水文、地质、植物等现象均做了详细记录，是系统考察中国地貌地质的开山之作，同时以优美的文字描绘了中国的大好河山，在地理学和文学上都有重要的价值。

米吴，米吴！快醒醒！

我想去徐霞客去过的地方画风景画，快让胖尼带我们空间跳跃吧！

啥？

徐霞客游

你说跳就跳啊？跳一次很累的知道吗？

走走，继续睡觉。

哼！

我说画画只是顺便的。

抓

主要是为了点亮科学之印，帮你找零件啊！

找零件？

其实吧……空间跳跃对我来说易如反掌。

米吴，你说呢？

假期我要用来补觉……

啊，不是，要用来补习科学知识。

读万卷书，不如行万里路！

你要多走多看！科学的第一步不就是观察吗？

啪

安可霏怎么会说出这么有智慧的话?!

翻

我也是会进步的，好吗?!

连安可霏都这么努力……看来我是不该偷懒了。

那我们要去哪里？

就这里吧！

河流：由一定区域内地表水和地下水补给，经常或间歇性地沿着狭长凹地流动的水流。

咱往低处走。

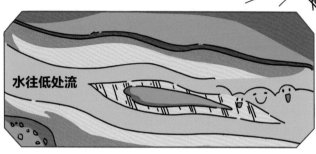

水往低处流

一条较大的河流一般可分为河源、上游、中游、下游和河口五个部分。

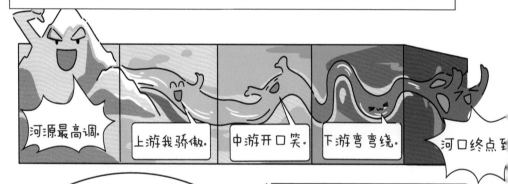

河源最高调。

上游我骄傲。

中游开口笑。

下游弯弯绕。

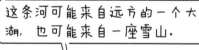

河口终点到

河流的水源主要来源于

降水

冰川积雪融水

地下水

湖泊和沼泽

不同河流的水源比重不同，同一条河流，不同季节的补给形式也不一样。

这条河可能来自远方的一个大湖，也可能来自一座雪山。

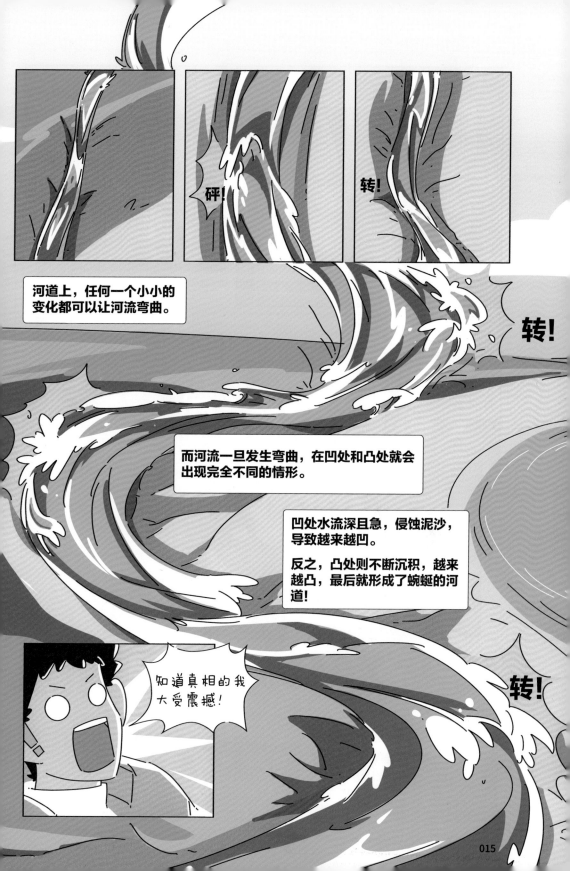

砰!

转!

转!

河道上，任何一个小小的变化都可以让河流弯曲。

而河流一旦发生弯曲，在凹处和凸处就会出现完全不同的情形。

凹处水流深且急，侵蚀泥沙，导致越来越凹。

反之，凸处则不断沉积，越来越凸，最后就形成了蜿蜒的河道!

转!

知道真相的我大受震撼!

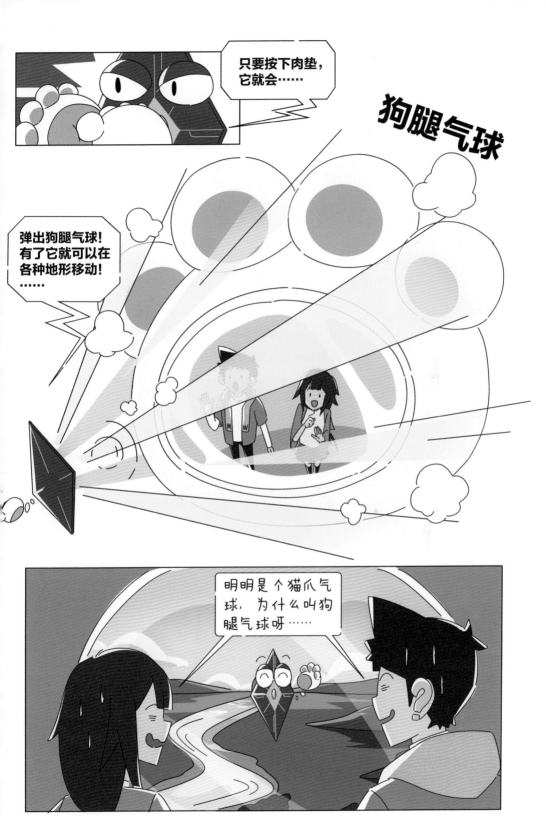

海拔越高，温度越低！山上下雪以后一直不化，越积越多，就会变成雪山哦！

含钙的温泉长期钙化沉淀，让山丘看起来就像一朵朵棉花！

乌尤尼盐沼，一层盐壳上面有着浅水，面积空旷，极其光滑，同时又极为平整，地表反射率极高，构成了"天空之镜"的奇景！

兰的怀托摩萤火虫洞里面，有会缓慢"生长"的石，还有像星星一样的萤火虫！在漆黑的溶洞划着小船进行奇幻探险，既紧张又刺激！

新零件解锁

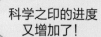科学之印的进度又增加了！

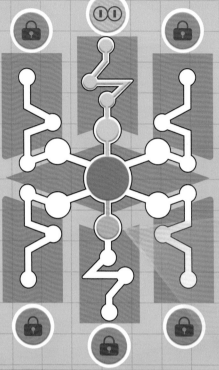

胖尼之爪·残缺版

——虽名为狗腿气球，但其实是猫爪造型的载具

- 缩小后只有巴掌大小，便于携带
- 展开后可供 2~3 人舒适乘坐
- 强大的机动性，可上天入海

这个气球比汽车还好用！

安可霏，想要我带你兜风吗？想吗？想吗？

真是酷炫的交通工具，我欣赏一下就够了！

李四光

1889—1971

　　著名地质学家，中国现代地球科学和地质工作的主要领导人和奠基之一。李四光早年提出了中国第四纪冰川的存在，建立了新的边缘学科"地质力学"和"构造体系"概念，创建了地质力学学派。

科学家档案

2022.6

地形与地貌

由于各种内力和外力的作用，地球表面会呈现出各种高低起伏的形态，这个就叫地形或者地貌。

外力

外力是指风、流水、冰川等因素，它们对地表的影响主要有 4 种：

1. 风化

大块的岩石变成松散的小块碎屑。

2. 侵蚀

风化后的物质被侵蚀带走。

3. 搬运

风化侵蚀的产物被搬运移动到别处。

4. 堆积

搬运过程中遇到障碍物就会堆积下来。

内力

内力主要指地壳运动、岩浆活动等，会形成大陆、洋底、山脉、盆地等地形。

地貌构成了风格各异的自然景观，给我们提供了丰富的旅游资源。

雅丹地貌

一列列断断续续延伸的长条形土墩与凹地沟槽间隔分布的地貌组合，是一种典型的风蚀地貌。

海岸地貌

由波浪、潮汐和沿岸流等海洋水动力作用于海岸带陆地而形成的地形起伏。

喀斯特地貌

地下水与地表水对可溶性岩石进行溶蚀等作用所形成的地貌。

丹霞地貌

由陆相红色砂砾岩构成的具有陡峭坡面的各种地貌形态。

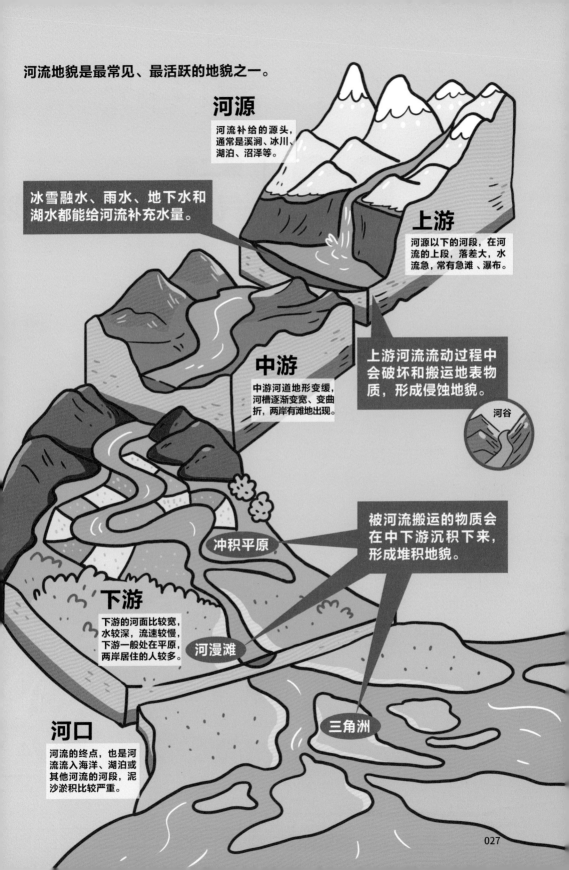

河流地貌是最常见、最活跃的地貌之一。

河源

河流补给的源头，通常是溪涧、冰川、湖泊、沼泽等。

冰雪融水、雨水、地下水和湖水都能给河流补充水量。

上游

河源以下的河段，在河流的上段，落差大，水流急，常有急滩、瀑布。

上游河流流动过程中会破坏和搬运地表物质，形成侵蚀地貌。

河谷

中游

中游河道地形变缓，河槽逐渐变宽、变曲折，两岸有滩地出现。

被河流搬运的物质会在中下游沉积下来，形成堆积地貌。

冲积平原

下游

下游的河面比较宽，水较深，流速较慢，下游一般处在平原，两岸居住的人较多。

河漫滩

三角洲

河口

河流的终点，也是河流流入海洋、湖泊或其他河流的河段，泥沙淤积比较严重。

02 | 第二章
气象灾害生存挑战

好了，同学们下课！

…… 太棒了！

这个"气象灾害生存挑战赛"到底是干什么的？

是一个组队闯关游戏，每关都要面对不同的气象灾害，要用科学的方式防灾避险。

气象灾害？

闪电可能会击中树木、建筑，甚至直接对人造成致命伤害！

嗶啪

暴雨会导致山洪暴发，城市积水！

这些灾害不但会造成巨额经济损失，还会对人的生命造成威胁！

气象灾害

除此之外，还有……

干旱！

热带气旋！

冰雹！

低温冷冻！

雪灾！

嘻嘻，看起来不错吧！

既然跟科学有关，好吧，那我就不跟你计较了。

而且冠军会有丰厚的美食奖励！

只要我们躲进狗腿气球，什么灾害都不怕！包赢！

狗腿气球，护航最牛！

大家好，我是本次大赛的虚拟主持人可逐帧。

本次比赛共有4关，最快通关的小组将成为冠军。

每关开始时，天空会出现不同颜色的气象灾害预警信号。

请大家根据提示做好应对。

天空变色了！

不同颜色的气象灾害预警信号？那是什么？

气象灾害预警信号依据灾害的危害程度、紧急程度和发展态势分为四级：

蓝色预警：IV级（一般）
黄色预警：III级（较重）
橙色预警：II级（严重）
红色预警：I级（特别严重）

那么现在……

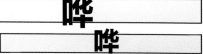

你没看到远方的红光和浓烟吗？那是山火！

啊？雨林不是应该有很多雨吗？怎么会有火？

亚马孙雨林每年会发生许多场火灾，这些火灾大多是人为造成的！

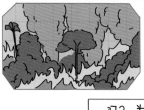

啊？为什么要放火烧森林？

有些人为了蝇头小利，想把树林变成肥沃的农田，不惜伐木烧林！

啊！火烧过来了！

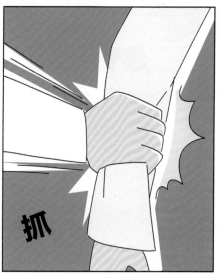

呼
呼

先抓住这根杆子!

呼
呼
呼

啊啊啊!

快弯下腰蜷成一团!把衣服都扣起来,减少受风面!

蹲下

前面有房子!

呼
呼
呼
呼

我们去那里躲避吧!

好!

前面有门！

恭喜你们完成挑战！
我们开始颁奖吧！

他们有的被冲走了，

有的在"发烧"，

其他选手呢？

有的还在天上飞。

奖品！

新零件解锁

科学之印的进度又增加了！

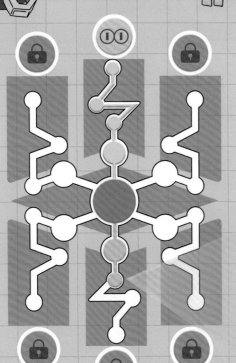

压载气囊
——膨胀起来是个球形

- 气囊可伸缩，自适应各种形状

- 可以压缩空气，改变自身的重量

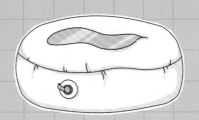

压载气囊可以让狗腿气球在天上自由飞翔！

在水中畅游无阻。

哇，这个功能好，我来试试看。

少年，你很有眼光。

这样可霏就没办法妨碍我睡觉了。

不是这样用的！

大气圈灾害

热带气旋

发生在热带海洋上的一种强烈的大气涡旋。

台风

一种破坏力很强的热带气旋，强台风会引起巨浪，损害船只和海洋工程，冲击所经地区常伴随狂风暴雨。

干旱

长时间无雨或少雨所造成的空气干燥、土壤缺水的情况。

严重的干旱会危及人和动植物的生命，严重阻碍经济发展。

寒潮

寒冷空气向中低纬度入侵，造成所经之地气温剧烈下降。

常伴有大风、雨雪、霜冻，甚至暴风雪、沙尘暴等恶劣天气。

自然灾害

滑坡

山地斜坡上不稳定的土体、岩块或堆积物整体下滑。

滑坡会掩埋农田，破坏建筑，造成人员伤亡。

泥石流

山区沟谷中由暴雨、融雪等激发的含有大量泥沙石块的突发性洪流。

泥石流会堵塞江河，破坏森林，摧毁城镇和村庄。

自然环境中对人类生命安全和财产构成危害的自然变异和极端事件就是**自然灾害**！

岩石圈灾害

地震

地球内部的岩石突然发生破坏，产生地震波，引起大范围地面震动的现象。

洪水

暴雨或急骤的融冰化雪和水库垮坝等引起江河水量迅猛增加及水位急剧上涨的现象。

降水过多，地面积水不能及时排除所造成的灾害叫涝灾。

水圈灾害

风暴潮

由于风暴的强风作用而引起港湾水面急速异常升高的现象。

气象灾害预警信号是气象台站向社会公众发布的预警信息，常见的信号种类有 14 种。

4 个颜色代表不同的严重程度。

生物圈灾害

生态系统失衡、有害生物大规模繁殖等导致的病害、虫害、鼠害及赤潮等灾害。

03 | 第三章
天空乌贼大追踪

夏日炎炎

近期，南极温度呈持续增高趋势⋯⋯企鹅生存受到威胁⋯⋯

据推测，这是南极上空的臭氧空洞扩大造成的结果⋯⋯

好想去南极凉快一下！

热晕啦！

有空做梦不如换个新空调，它吹的风都是热的！

呼

呼呼

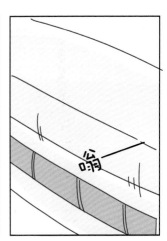

氟利昂:
曾作为制冷剂
大量用于空调和冰箱,
但排放到大气中
会导致臭氧含量下降,
所以它的生产与应用
受到严格限制,
含有氟利昂的空调
正在逐渐被禁止生产。

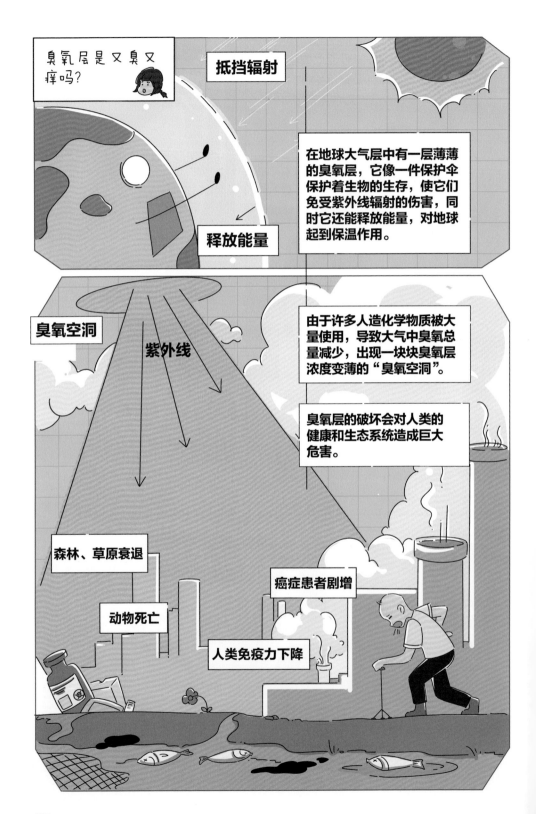

我看出来了！

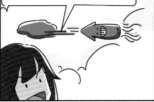

应该是生活在高层大气中的巨大乌贼。最近南极的天不是破了个洞吗？这威胁到它们的生存了。

所以乌贼出动去南极……

补天！！！

补天的不该是女娲娘娘吗？

可靠这脑洞比臭氧空洞还大啊……

乌德公司因违反环保条例面临巨额罚款……

其实我也挺好奇那个不明飞行物是什么……

不信我们就去看看，我要成为首个大乌贼画家！

好吧，那我就勉为其难地陪你去看看。

气球升空

天空乌贼调查团，**出发！**

你带这么多降暑物品做什么？

地上都这么热，上天还不被烤熟吗？

不愧是科学小白……

咦，我怎么感觉越来越凉快呀？

我们现在是在对流层，海拔越高，温度越低。

不然珠穆朗玛峰上怎么都是积雪呢？

哦？

对流层是地球大气层中最靠近地面的，由于不能直接吸收太阳的热量，所以对流层的热量主要来自地面，而且离地面越远，温度越低（每上升100米，温度下降约 0.65 摄氏度）。

冷

热

还真被你蒙对了！大气层就像给地球套了好几件衣服一样。

衣服？

对流层？臭氧层？这天空是个洋葱吗？怎么一层又一层的？

根据不同高度特点，大气层分为5层，再上面就是星际空间了。

大气层是受到地球的引力而聚集在地球表面周围的气体圈层。总厚度在1000千米以上，从下往上空气越来越稀薄。

外逸层

500 千米

热 层

85 千米

中间层

50 千米

平流层

臭氧层

12 千米

对流层

我们现在在这儿，相当于地球的内衣啰？

内衣是什么？启动搜索……

别……别搜啦，先想办法绕过前面那片乌云！

轰隆隆

刚刚还是晴朗的，怎么突然就出现了乌云呢？

电闪雷鸣，怪吓人的。

对流层的天气的确很多变……

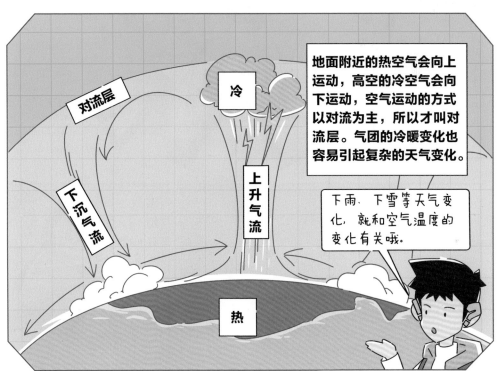

对流层

冷

下沉气流

上升气流

热

地面附近的热空气会向上运动，高空的冷空气会向下运动，空气运动的方式以对流为主，所以才叫对流层。气团的冷暖变化也容易引起复杂的天气变化。

下雨、下雪等天气变化，就和空气温度的变化有关哦。

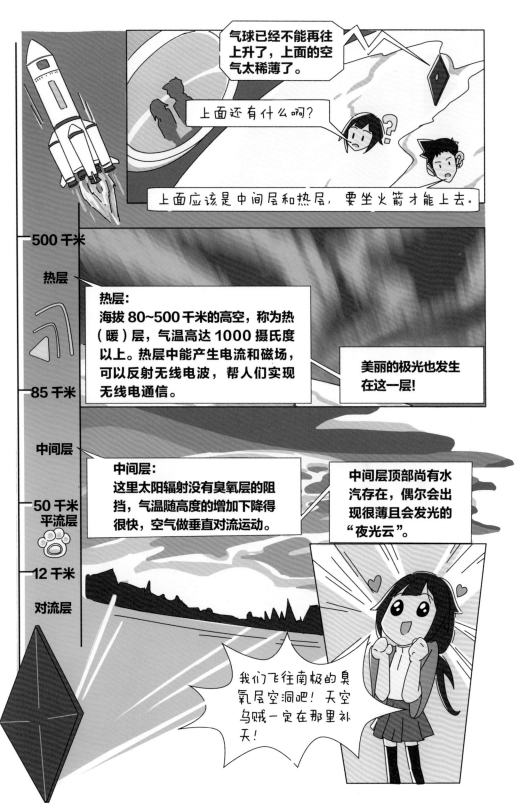

气球已经不能再往上升了，上面的空气太稀薄了。

上面还有什么啊？

上面应该是中间层和热层，要坐火箭才能上去。

500 千米

热层

热层：
海拔 80~500 千米的高空，称为热（暖）层，气温高达 1000 摄氏度以上。热层中能产生电流和磁场，可以反射无线电波，帮人们实现无线电通信。

美丽的极光也发生在这一层！

85 千米

中间层

中间层：
这里太阳辐射没有臭氧层的阻挡，气温随高度的增加下降得很快，空气做垂直对流运动。

中间层顶部尚有水汽存在，偶尔会出现很薄且会发光的"夜光云"。

50 千米
平流层

12 千米

对流层

我们飞往南极的臭氧层空洞吧！天空乌贼一定在那里补天！

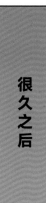

轰隆隆

这个……

飞艇?!

怎么会是飞艇?说好的乌贼呢?

……

胖尼,启动望远镜!

乌德公司

跨国公司，生产各类化工产品。近日曝出乌德公司化工厂违规排放大量含氟、氯等有害元素的工业废料，乌德公司因此面临巨额罚款。

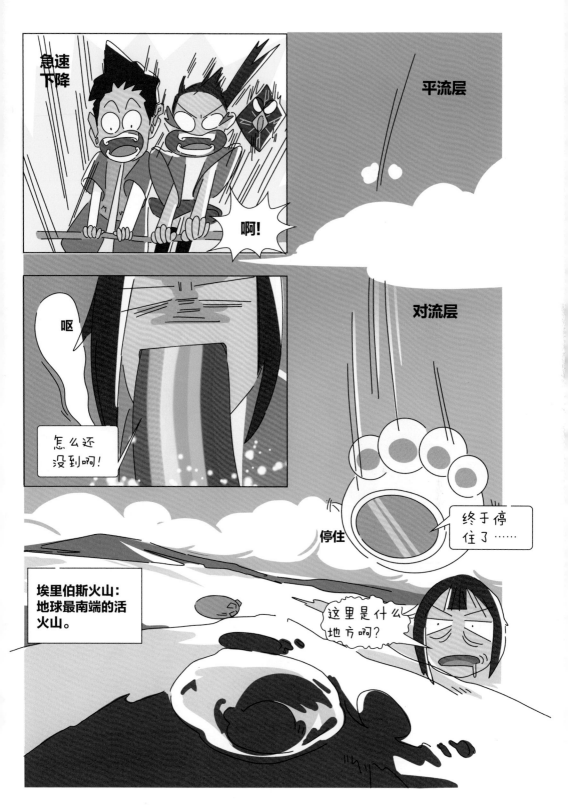

飞艇在那儿!

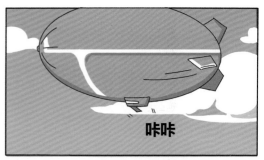

咔咔

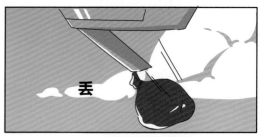

丢

他们在往火山上扔东西!

我明白了,乌德公司为了逃避排放工业废料的罚款,把污染物偷偷排进了火山。

垃圾扔进火山直接烧掉,这不挺好吗?

你傻啊! 火山一旦爆发, 废料产生的有害气体会跟着火山灰一起喷射到大气中, 进入平流层后会四处蔓延, 臭氧空洞会变得更大, 这样下去不只是企鹅, 全世界的生物都会遭殃!

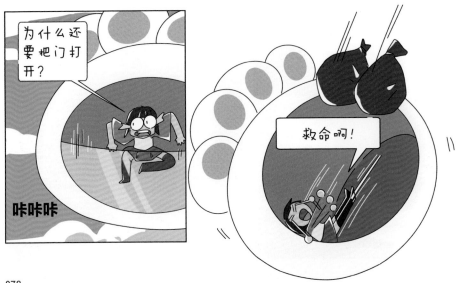

新零件解锁

科学之印的进度又增加了！

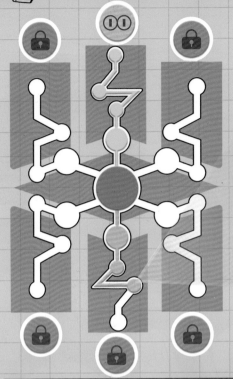

耐候护罩

——可以适应各种气候的保护罩

- 透气单向膜
- 高分子纳米材料

有了这个狗腿气球就能适应各种环境。

哪怕外面水深火热，气球里也能温暖如春。

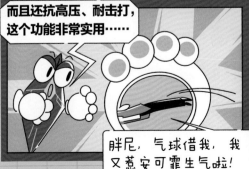

而且还抗高压、耐击打，这个功能非常实用……

胖尼，气球借我，我又惹安可霏生气啦！

米吴，你给我出来！

施雅风

1919—2011

中国地理学家、冰川学家。他长期从事冰川学、地貌学以及第四纪地质学的研究，是中国现代冰川研究的主要开创者，冻土和泥石流研究的倡导人。由于对巴托拉冰川和青藏高原考察研究的贡献，他于 1982 年和 1988 年两次荣获国家自然科学奖。

科学家档案

大气层

大气层是在地球引力作用下聚集在地球表面周围的气体圈层，约占地球总质量的百万分之一。

大气与辐射

太阳辐射在向地面传播过程中，少部分会被大气吸收或反射。

大部分辐射能够到达地面，使地面增温。

1. 太阳暖大地

地面被加热后又能把热量传递给地面的大气。

2. 大地暖大气

大气在增温的同时，也会通过逆辐射把热量传给地面，对地面起到保温作用。

3. 大气还大地

大气运动

太阳辐射的能量分布不均匀，导致了大气的垂直与水平运动。

如果地面一处受热多，一处受热少，空气就会这样循环流动。

大气热力环流

冷

上升气流

郊区流向城市

热

受热少　受热多

城市中心区和郊区间温度差异会形成城市热岛环流。

外逸层

最高可达 5 万多千米。空气极端稀薄，受地球引力的约束非常弱，以至空气不断向星际空间逃逸。

靠近两极的地区偶尔能看到发生在热层顶部的彩色极光。

在 80~120 千米的高空，多数来自太空的流星体会燃烧，这就是我们看到的流星。

热层

热层的大气分子吸收太阳辐射与磁场后，电子能量增加，其中一部进行电离形成电离层，可以反射无线电波。

500 千米

中间层

有相当强烈的对流运动，在夏季夜晚高纬度地区偶尔能见到出现在中间层顶部薄而发光的夜光云。

85 千米

人类高空跳伞世界纪录，高度为 41.4 千米。

平流层

中高纬度晨昏时有时可观测到出现在 20~30 千米高度具有特殊色彩的珠母云。

水汽和杂质含量很少，无云雨现象，能见度好，适合航空飞行。

50 千米

珠穆朗玛峰

对流层

集中了大气层质量的 3/4，上冷下热的气温有利于大气的对流运动。云、雨、雾、雪等天气现象都发生在这一层。

12 千米

大气分层

根据大气温度随高度变化的分布特点，大气层自下向上可分成 5 层。

083

04 | 第四章
垃圾终结特攻队

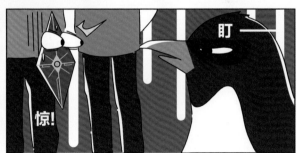

南极本是世界上最后的净土，这里没有工厂，也没有汽车。

但全球变暖使南极的冰川融化，原本生活在洁白冰雪上的企鹅无法适应泥泞裸露的土地。

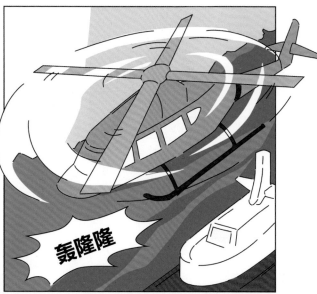

别这么说嘛，我这次是来谈合作的。

我听说我们公司有些货物被这两位小朋友捡到了。

请把货物还给我们，我们会给二位拾金不昧的奖赏……

什么？

你骗小孩儿呢？这些是你们犯罪的证据！

这谎话连安可霏都骗不过……还是省省力气吧！

哼!

你难道不知道这些垃圾会污染海洋,动物会中毒或被噎死,南极脆弱的生态会被这些垃圾摧毁?!

就像这样清理?

那你就更应该知道乌德排放废气,造成了雾霾和酸雨!

你们还让工业废水流入河流和土壤,在动植物体内富集毒素,最后被吃进人体,导致疾病!

我当然知道,虽然当年你总是班上第一名,但我的成绩也不差。

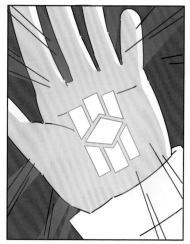

科学之印进度增加了！

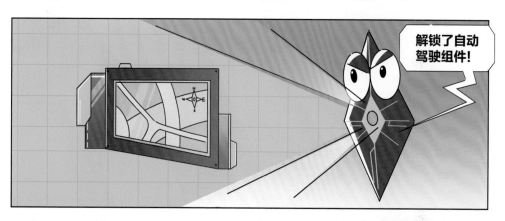

解锁了自动驾驶组件！

那是什么新奇玩意儿？

趁现在，胖尼！

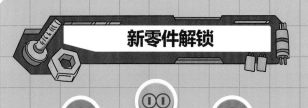

新零件解锁

科学之印的进度又增加了！

自动驾驶组件

——可装在狗腿气球上

- 海陆空精准导航
- 自动躲避障碍
- 可拆卸作为手动遥控手柄

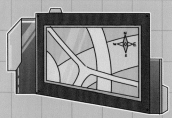

罗开富

1913—1992

中国地理学家，中国自然地理区划研究的奠基人。20 世纪 50 年代主编《中华地理志》，主持编写了我国第一部《中国自然地理区划草案》，为我国自然区划提供了重要的理论依据。

科学家档案

可吸入颗粒物污染

人体吸入过多或含有毒有害成分的颗粒物时，可能引发尘肺病、免疫功能障碍等健康问题。汽车尾气排放不达标让其成为许多城市的主要空气污染物。

大气污染

全球变暖

20 世纪以来，持续增加的二氧化碳排放量有可能引发全球气候变暖，是人们都应关注的全球性环境问题。

酸雨

硫氧化物和氮氧化合物等在一定条件下发生变化，随雨水降落到地面。它会造成鱼类大量死亡、土壤酸化、农作物减产、树木成片死亡，以及建筑物、石材、钢材被腐蚀破坏等多方面影响。

防治措施

能源生产和消费是大气污染的主要来源，需通过节能和提高能源效率，开发并利用可再生新能源以及植树造林、减少碳排放等方式防治。

环境保护

人类进入工业社会后，实现了征服自然的愿望，砍伐森林、开垦草原、开发矿山、移山填海……但由此带来的资源枯竭和环境恶化也对人类生存构成了威胁。

水体污染

水体富营养化

氮、磷等营养物质在水体内聚集到一定程度后，藻类迅速繁殖，导致水体缺氧、水质恶化，鱼类及其他生物大量死亡的现象。

石油污染

石油在开采、运输、装卸、加工和使用过程中由于泄露和排放引起的污染，主要发生在海洋。

石油污染会给生物带来灭顶之灾：玷污动物皮毛，使它们失去保温、游泳和飞行的能力；堵塞水生动物的呼吸和进水系统，使之窒息死亡；等等。

 ## 防治措施

- 减少废水和污染物排放量
- 发展循环用水系统和无废水生产工艺
- 将人工处理和自然净化相结合

固体废弃物污染

随着社会发展，垃圾种类和总量日益增多，它们会占据大量土地并持续向水、大气中释放有害物质，危及人体健康。

大气　　呼吸、皮肤接触

饮用

水

灌溉、养殖　　生物富集

土壤

种植

  ## 防治措施

固体废物中含大量可再生资源和能源，对其进行回收、利用，可大大减轻后续处理的负荷。将经无害化、减量化处理的废物残渣，填埋在专门设计的填埋场，与生态圈长期隔离。

我获得的知识

敬请关注"这不科学啊"

▶ 全网粉丝3000W+
  少儿科普媒体

▶ 有趣好玩的科普内容
  持续更新中

加入米吴专属科普社群

获取更多趣味科学知识